# “日日好食”

精選套餐中 5 大類人氣料理！舒適吃一餐

潘明正　著

# 作者序

從事餐飲業近二十多個年頭，曾經在各個不同的地方學習到西式料理的經驗，將所有的經驗與心得寫在這本書中，把繁瑣的作法以及料理配法，從前菜、濃湯到主餐，想吃點什麼任你搭配。想吃西式料理不一定要上餐館，在家就可自己做，現今社會因疫情關係人人自危，害怕在公共場所用餐，書內幾款簡單實用的料理，讓你在家也能吃到餐廳好料。

潘明正

# 推薦序

很開心潘師傅出一本《潘明正老師的甜點實驗室》，又出了第二本《日日好食》。潘師傅再次不吝嗇地把畢生所學，教授給大家，相信大家也非常期待本書的誕生。

潘師傅平時熱心公益，為了當義廚走遍全臺，在他事業繁忙之際，還能協助弱勢和抽空出書，真是令人感動。他是一個正直的人，願懷著向上的心攜手大家一起進步。

有了這本《日日好食》，大家在家就能做出整套大廚的餐點，讓家人吃得健康又開心感動，希望這本書能帶給讀者不一樣的滋味，開拓對美食的想像。

# Content

作者序 2
推薦序 3

## Part 1 前菜

No.1 番茄莫札瑞拉起司 8
No.2 煙燻鮭魚佐紅酒醋 10
No.3 香煎干貝番茄酪梨塔 12
No.4 煙燻鮭魚蘋果卷 14
No.5 火腿哈密瓜番茄鮮蝦卷 16
No.6 煙燻三重奏 18
No.7 鮭魚酪梨火腿包 20
No.8 番茄鮮蝦水果塔 22

## Part 2 沙拉

No.9 時蔬沙拉佐千島醬 26
No.10 季節水果佐藍莓香橙醬 28
No.11 酪梨鮮蝦沙拉佐頂級橄欖油 30
No.12 馬鈴薯番茄佐優格醬 32
No.13 小卷鮮蔬佐酒醋醬 34
No.14 鮮蝦酪梨佐蜂蜜芥末醬 36
No.15 番茄蟹肉沙拉 38
No.16 洋芋蛋沙拉佐培根碎 40

## Part 3 湯品

No.17 巧達海鮮濃湯 44
No.18 義式奶油蘑菇濃湯 48
No.19 花椰菜濃湯 50
No.20 玉米濃湯 52
No.21 南瓜海鮮濃湯 54
No.22 紅蘿蔔濃湯 56

Part

# 4

# 主菜


No.23 秋蟹奶油白蘭地義大利麵 60

No.24 香煎鮭魚佐巴薩米克 64

No.25 香酥杏仁鱈魚排佐塔塔醬 66

No.26 酥皮羊排佐青醬 68

No.27 手作漢堡排 72

No.28 卡布娜拉培根義大利麵 74

No.29 南瓜海鮮燉飯 76

No.30 蒜香辣味蛤蠣義大利麵 78

No.31 鮪魚蝴蝶麵 80

Part

# 5

# 甜點


No.32 輕乳酪蛋糕 84

No.33 起司慕斯蛋糕 88

No.34 菠蘿泡芙 92

No.35 千層蛋糕 96

★ 原味海綿蛋糕 100

★ 巧克力海綿蛋糕 101

No.36 櫻桃白蘭地慕斯 102

No.37 奇異果慕斯 106

No.38 椰果慕斯 110

No.39 香草舒芙蕾 114

No.40 杏仁小點 116

No.41 椰子薄片 118

No.42 海苔餅乾 120

No.43 英格蘭 122

No.44 美式南瓜西餅 124

# Part 1
# 前菜

Printed
NOTICES.

No.1

# 番茄莫札瑞拉起司

## 材料

| 牛番茄 | 1 顆 |
|---|---|
| 莫札瑞拉起司 | 12~16 片 |
| 九層塔 | 5 片 |
| 初榨橄欖油 | 適量 |

## 作法

1. 莫札瑞拉起司切片；九層塔洗淨切絲。
2. 牛番茄洗淨，去頭尾切片。
3. 將切片的起司與牛番茄片交錯排好。
4. 撒上九層塔絲，淋適量橄欖油完成。

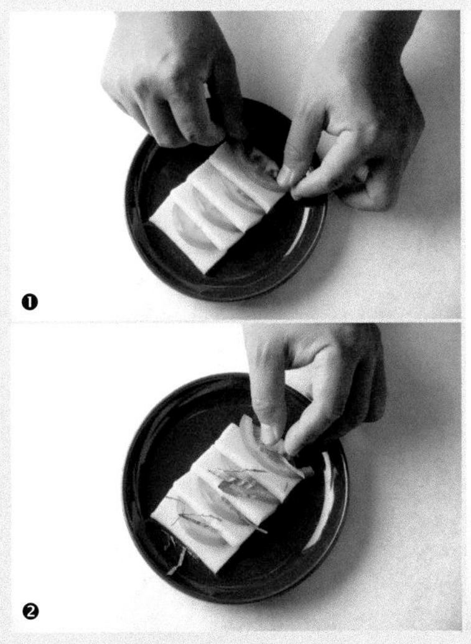

❶ ❷

❸

No.2

# 煙燻鮭魚佐紅酒醋

## 材料

| 四種綜合乾酪 | 1 片 |
| --- | --- |
| 煙燻鮭魚 | 3 片 |
| 酸豆 | 6~8 顆 |

## 調味料

| 紅酒醋 | 適量 |
| --- | --- |

## 作法

1. 先滴數滴紅酒醋至盤中，滴入盤中是為了增加香氣，不宜滴過多（此步驟可滴可不滴）。
2. 捲起煙燻鮭魚，擺放於作法 1 中央。
3. 以手撕方式將綜合乾酪撕成小塊。
4. 盤內撒上綜合乾酪、放數顆酸豆，完成。

No.3

# 香煎干貝番茄酪梨塔

**材料**

| 酪梨 | 1/4 顆 |
|---|---|
| 干貝 | 6~7 顆 |
| 牛番茄 | 1 顆 |
| 起司片 | 4 片 |
| 巴薩米克醋 | 適量 |

**調味料**

| 白胡椒粉 | 10g |
|---|---|
| 鹽 | 30g |
| 糖 | 20g |

**作法**

1. 調味料預先混勻（材料比例是白胡椒粉 1：鹽 3：糖 2）。
2. 起司片一切四。牛番茄洗淨去頭尾，切片。
3. 酪梨橫向切一圈，用手一分為二，刀子根部切進核裡將核帶起，果肉切片。
4. 干貝從中剖半。乾淨鍋子熱鍋，倒入適量橄欖油（配方外），熱油，放入干貝、調勻的調味料，中火煎至兩面金黃。

   ★把干貝剖半，讓它的厚度減少，煎的時候比較好受熱，避免外熟內生。

   ★干貝厚度可與酪梨、牛番茄一致，視覺上更為美觀，口感也更為和諧。
5. 盛盤，巴薩米克醋在盤中畫出斜線裝飾，上述材料依序堆疊酪梨、牛番茄、干貝、起司片、牛番茄、干貝，完成。

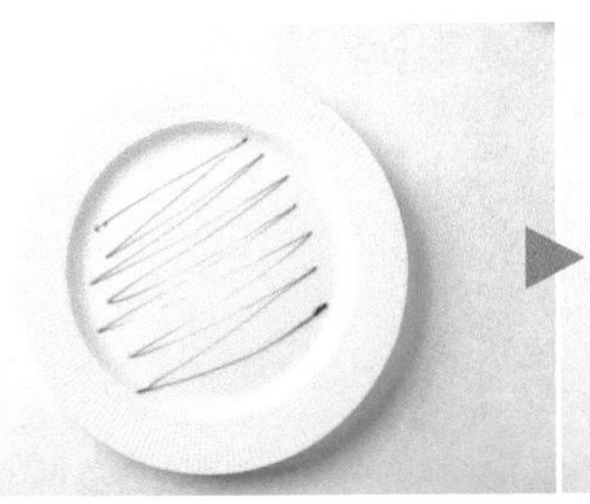

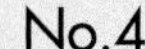

No.4

# 煙燻鮭魚蘋果卷

**材料**

| | |
|---|---|
| 蘋果 | 1/4 顆 |
| 哈密瓜 | 1/8 顆 |
| 煙燻鮭魚 | 3 片 |

**調味料**

| | |
|---|---|
| 起司粉 | 適量 |
| 乾巴西利葉碎 | 適量 |

**作法**

1. 蘋果用流水洗淨，切四塊剔除果核，切長片。

   ★切片後的蘋果需泡入加了檸檬汁的飲用水中，避免果肉接觸空氣後氧化變色。

2. 哈密瓜切開，取果肉切成長條狀。
3. 煙燻鮭魚包入已切成條狀的水果，撒起司粉、乾巴西利葉碎裝飾。

No.5

# 火腿哈密瓜番茄鮮蝦卷



材料

| 賽拉諾火腿 | 3 片 |
|---|---|
| 牛番茄 | 1/4 顆 |
| 白蝦 | 3 隻 |
| 哈密瓜 | 1/8 顆 |

作法

1. 白蝦剃除腸泥。準備一鍋滾水燙熟蝦子，撈起瀝乾，放入冰水中冰鎮，再剝殼取出蝦肉，蝦頭保留備用。
2. 牛番茄洗淨去頭尾，切長條。哈密瓜切開，取果肉切長條。
3. 鋪平賽拉諾火腿，將上述一一材料包起，頂端放上蝦頭、洗淨的季節生菜（配方外）裝飾。

No.6

# 煙燻三重奏

**材料**

| 里肌火腿 | 2 片 |
|---|---|
| 西班牙辣椒臘腸 | 2 片 |
| 西班牙臘腸 | 2 片 |
| 牛番茄 | 1 顆 |
| 小黃瓜 | 適量 |

**作法**

1. 里肌火腿、西班牙辣椒臘腸、西班牙臘腸對半切。
2. 作法 1 食材依大小堆疊起來，向外翻折後盛盤。
3. 牛番茄洗淨去頭尾，切片；小黃瓜洗淨去頭尾，切絲。
4. 作法 3 食材盛盤裝飾，完成。

No.7

# 鮭魚酪梨火腿包

## 材料

| | |
|---|---|
| 煙燻鮭魚 | 適量 |
| 賽拉諾火腿 | 4~6 片 |
| 酪梨 | 1/4 顆 |
| 初榨橄欖油 | 適量 |

## 作法

1. 酪梨橫向切一圈，用手一分為二，刀子根部切進核裡將核帶起，果肉切丁。
2. 煙燻鮭魚隨意切碎（不須太碎）。
3. 賽拉諾火腿鋪底，放上煙燻鮭魚碎、酪梨丁。
4. 滴上幾滴初榨橄欖油，捲起。
5. 盛盤，再鋪少許酪梨丁、煙燻鮭魚碎完成。

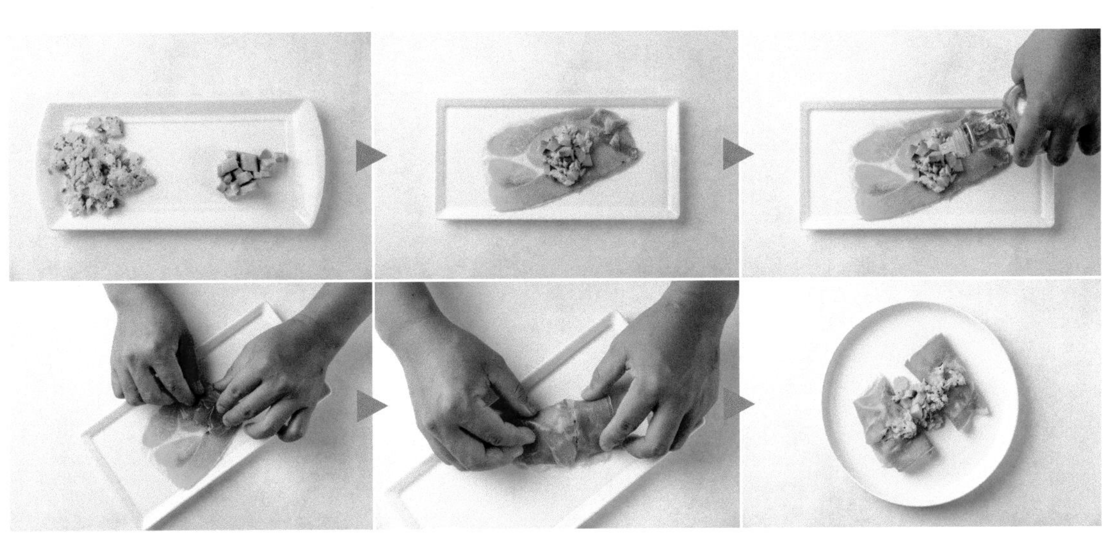

No.8

# 番茄鮮蝦水果塔



## 材料

| | | | |
|---|---|---|---|
| 黃肉柳丁 | 1 顆 | 哈密瓜 | 1/8 顆 |
| 紅肉柳丁 | 1 顆 | 白蝦 | 4 隻 |
| 蘋果 | 1/2 顆 | 美乃滋 | 少許 |
| 牛番茄 | 4 顆 | | |

## 作法

1. 牛番茄洗淨去頭，用湯匙將果肉挖出，成牛番茄盅。

   ★果肉可直接食用，或者保留起來做紅醬等其他料理。

   ★底部可稍微切一刀，幫助牛番茄盅立起。

2. 蘋果洗淨去核切丁；哈密瓜切開，取果肉切丁。
3. 黃肉柳丁、紅肉柳丁切去頭尾，立在桌面上，用刀子將外皮切除，取果肉切丁。
4. 白蝦洗淨剃除腸泥。準備一鍋滾水，燙熟白蝦撈起瀝乾，剝去外殼，放入冰塊水中冰鎮。
5. 作法 2、3 與美乃滋一同拌勻。
6. 牛番茄盅放入燙好的白蝦、作法 5，再佐上牛番茄頭蓋上即可。

# Part 2
# 沙拉

No.9

# 時蔬沙拉佐千島醬

**材料**

| 材料 | |
|---|---|
| 牛番茄 | 1 顆 |
| 花椰菜 | 1 朵 |
| 玉米筍 | 2 支 |
| 美生菜 | 10g |
| 紅捲鬚 | 1 葉 |
| 綠捲鬚 | 2 葉 |
| 苜蓿芽 | 1 小撮 |
| 小豆苗 | 1 小撮 |

**千島醬**

| 千島醬 | |
|---|---|
| 沙拉醬 | 200g |
| 水煮蛋（切碎） | 1 顆 |
| 洋蔥碎 | 60g |
| 甜瓜碎 | 50g |
| 酸豆碎 | 30g |
| 番茄醬 | 200g |
| 牛排 A1 醬 | 5c.c. |
| 梅林辣醬油 | 10c.c. |

**作法**

1. 千島醬：乾淨鋼盆加入千島醬所有材料拌勻。

❶

❷

❸

❹

2. 備料：牛番茄洗淨切塊；花椰菜洗淨切小朵；玉米筍洗淨。

3. 美生菜、紅捲鬚、綠捲鬚洗淨；苜蓿芽洗淨；小豆苗洗淨。

4. 準備一鍋滾水，燙熟花椰菜、玉米筍，撈起瀝乾。

5. 將所有材料放入冰塊水中冰鎮，口感會更為爽脆。

6. 組合：盛盤，佐上適量千島醬完成。

No.10

# 季節水果佐藍莓香橙醬

**材料**

| | |
|---|---|
| 柳橙 | 2~4 顆 |
| 哈密瓜 | 1/4 顆 |
| 蘋果 | 1 顆 |

**藍莓香橙醬**

| | |
|---|---|
| 沙拉醬 | 100g |
| 藍莓果餡 | 50g |
| 柳橙果肉 | 1 顆（80g） |
| 原味優酪乳 | 50g |
| 藍莓優格 | 90g |

**作法**

1. 藍莓香橙醬：藍莓香橙醬材料一同混勻。

2. 備料：蘋果洗淨切丁，浸泡於加了檸檬汁的飲用水中，以防止氧化變色。

3. 柳橙果肉切丁；哈密瓜切丁。

4. 組合：盛盤，佐上適量藍莓香橙醬完成。

No.11

# 酪梨鮮蝦沙拉佐頂級橄欖油

**材料**

| | |
|---|---|
| 白蝦 | 4 隻 |
| 酪梨 | 4 片 |
| 初榨橄欖油 | 少許 |

**調味料**

| | |
|---|---|
| 白胡椒粉 | 10g |
| 鹽 | 30g |
| 糖 | 20g |

**作法**

1. 調味料預先混勻（材料比例是白胡椒粉 1：鹽 3：糖 2）。
2. 酪梨橫向切一圈，用手一分為二，刀子根部切進核裡將核帶起，果肉切片。
3. 白蝦洗淨剃除腸泥。準備一鍋滾水，燙熟白蝦撈起瀝乾，剝去外殼，放入冰塊水中冰鎮。
4. 盛盤，淋初榨橄欖油，佐上混勻的調味料。

No.12

# 馬鈴薯番茄佐優格醬

### 材料

| | |
|---|---|
| 馬鈴薯 | 約 200g |
| 牛番茄 | 約 150g |

### 優格醬

| | |
|---|---|
| 飲用水 | 45g |
| 可爾必思 | 13g |
| 沙拉醬 | 120g |
| 原味優酪乳 | 40g |
| 低筋麵粉（過篩） | 9g |

### 作法

1. 優格醬：乾淨鋼盆加入飲用水、可爾必思、低筋麵粉拌勻。
2. 加入沙拉醬、原味優酪乳拌勻。

3. 隔水加熱至濃稠（需隔水加熱避免燒焦）。
4. 備料：馬鈴薯煮熟後去皮切正方塊；牛番茄切正方塊。

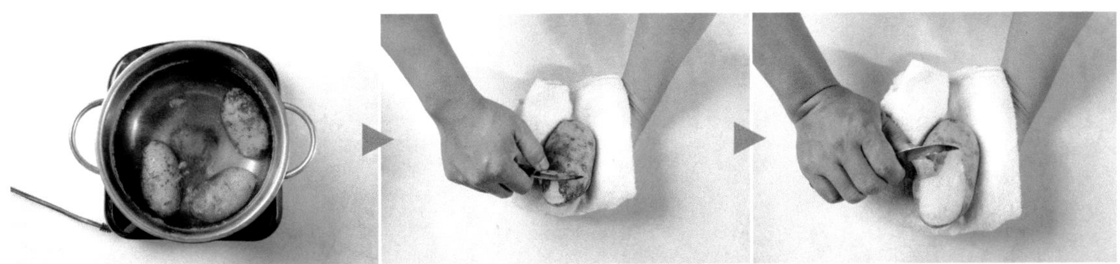

5. 組合：所有材料與優格醬拌勻盛盤，完成。

No.13

# 小卷鮮蔬佐酒醋醬

## 材料

| 小卷 | 1 尾 |
|---|---|
| 小番茄 | 5~6 顆 |
| 季節食蔬 | 5~6 片 |
| 柳橙 | 1 顆 |

## 酒醋醬

| 巴薩米克醋 | 10c.c. |
|---|---|
| 紅酒醋 | 10c.c. |
| 橄欖油 | 40c.c. |

## 作法

1. 酒醋醬：巴薩米克醋、紅酒醋與橄欖油以 1：1：4 之比例拌勻。
2. 備料：分離小卷的頭與身體，去除內臟，眼睛處劃一刀，再以流水洗淨，輕輕抽出透明軟骨。
3. 準備一鍋滾水，燙熟小卷後撈起冰鎮，再切段。
4. 柳橙洗淨切片；小番茄洗淨切片；季節食蔬用流水仔細洗淨。
5. 組合：盛盤，佐上適量酒醋醬完成。

No.14

# 鮮蝦酪梨佐蜂蜜芥末醬

### 材料

| | |
|---|---|
| 白蝦 | 4 隻 |
| 酪梨 | 半顆 |
| 柳橙 | 2 顆 |

### 蜂蜜芥末醬

| | |
|---|---|
| 美玉白汁 | 100 |
| 芥末醬 | 20 |
| 蜂蜜 | 15 |

### 作法

1. 蜂蜜芥末醬：所有材料一同拌勻備用。
2. 備料：白蝦洗淨剔除腸泥。準備一鍋滾水，燙熟白蝦撈起瀝乾，剝去外殼，放入冰塊水中冰鎮，稍涼後蝦肉切丁。
3. 酪梨橫向切一圈，用手一分為二，刀子根部切進核裡將核帶起，果肉切丁。
4. 柳橙洗淨切半，取出果肉切丁，柳橙盅留著備用。
5. 組合：白蝦、酪梨丁、柳橙果肉丁與蜂蜜芥末醬拌勻，放入柳橙盅完成。

No.15

# 番茄蟹肉沙拉

## 材料

| 哈密瓜 | 1/8 顆 |
|---|---|
| 牛番茄 | 1/4 顆 |
| 蟹管肉 | 20 塊 |
| 蘿蔓葉 | 6~8 片 |

## 調味料

| 美乃滋 | 適量 |
|---|---|
| 乾巴西利葉 | 適量 |

## 作法

1. 蘿蔓葉洗淨冰鎮；牛番茄洗淨去頭尾，切長段。
2. 哈密瓜切開取肉，切條。
3. 準備一鍋滾水，燙熟蟹管肉，撈起瀝乾冰鎮。
4. 盛盤，蘿蔓葉鋪底，放上哈密瓜條、牛番茄段、蟹管肉。
5. 美乃滋裝入袋子中，尖端剪開，擠上作法 4，撒乾巴西利葉完成。

No.16

# 洋芋蛋沙拉佐培根碎

**材料**

| | |
|---|---|
| 培根片 | 1/2 片 |
| 煮熟水煮蛋 | 1 顆 |
| 洋芋 | 2 顆 |
| 美玉白汁 | 50g |

**調味料**

| | |
|---|---|
| 白胡椒粉 | 1g |
| 鹽 | 3g |
| 糖 | 2g |

**作法**

1. 煮熟水煮蛋剝殼，切碎。洋芋帶皮蒸熟，微微放涼後剝皮，壓碎。
2. 乾淨鍋子熱鍋，倒入少許沙拉油（配方外），熱油，放入培根片，中火煎至兩面上色、肉收縮起鍋，微微放涼後切碎。

3. 煮熟水煮蛋、洋芋碎、美玉白汁、調味料一同拌勻。
4. 盤子放上模具，放入作法 3 塑型，移開模具撒上培根碎，完成。

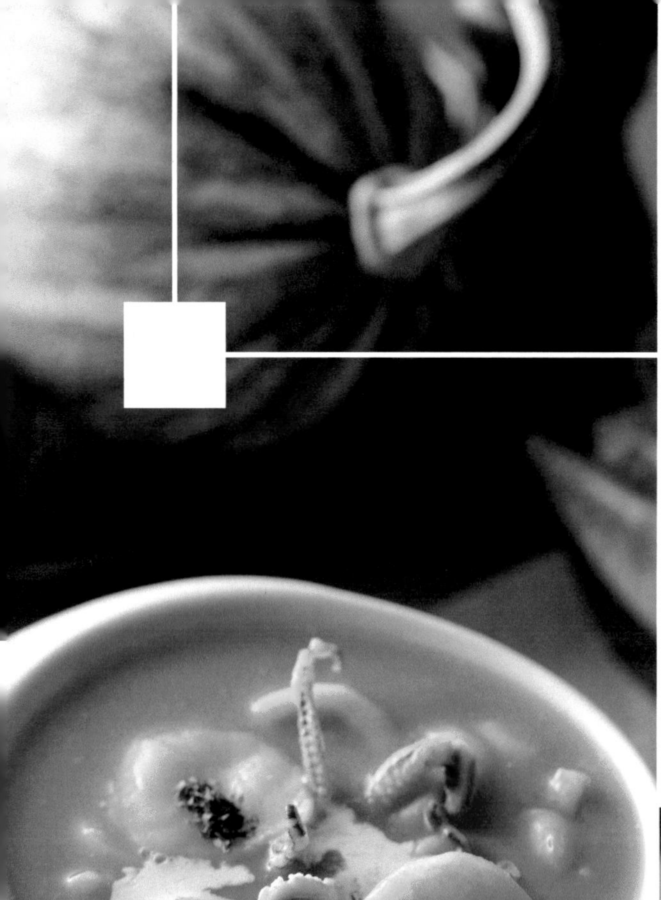

# Part 3
# 湯品

No.17

# 巧達海鮮濃湯

**蔬菜料**

| | |
|---|---|
| 洋蔥 | 2 顆 |
| 高麗菜 | 1000g |
| 紅蘿蔔 | 100g |
| 新鮮香菇 | 300g |
| 西芹 | 100g |

**麵糊**

| | |
|---|---|
| 無鹽奶油 | 30~50g |
| 中筋麵粉 | 300g |
| 飲用水 | 1200c.c. |

**其他**

| | |
|---|---|
| 玉米濃湯（P.53） | 適量 |

**海鮮料**

| | |
|---|---|
| 蝦仁 | 100g |
| 小干貝 | 80g |
| 小卷 | 1 尾 |

★一碗的比例是玉米濃湯 100c.c.：蔬菜料 20g：海鮮料適量。

**作法**

1. 麵糊：無鹽奶油煮融，關火，加入中筋麵粉拌勻。
2. 開小火，翻炒至麵粉香味釋出、顏色變黃。
3. 飲用水與炒好的奶油麵粉放入果汁機打勻，再用篩網過篩。

★勾芡時依需求量使用，用量越多越稠，越少則越稀。

4. 蔬菜料：洋蔥切小片；高麗菜洗淨切小片；紅蘿蔔切小片；新鮮香菇切丁過水燙熟；西芹切小片。

5. 有柄鍋熱鍋，加入無鹽奶油 60g（配方外）、沙拉油 60g（配方外）熱油，加入洋蔥炒軟，炒至洋蔥變色香氣飄散。

6. 加入紅蘿蔔中大火炒 2 分鐘略炒軟，讓它均勻受熱，呈微微變色狀態。

7. 加入西芹翻炒均勻，一樣用中大火略炒 1 分鐘。

8. 加入 2/3 高麗菜，中大火翻炒均勻，加入剩餘高麗菜，炒至變色、變軟。

9. 加入燙好的新鮮香菇拌炒均勻，讓它均勻受熱，材料盛起放涼，分裝 20g 一包冷凍備用。

★一碗的比例是濃湯 100c.c.：蔬菜料 20g：海鮮料適量。

10. 海鮮料：蝦仁剔除腸泥；小干貝洗淨；小卷分離小卷的頭與身體，去除內臟，眼睛處劃一刀，再以流水洗淨，輕輕抽出透明軟骨，切段。

11. 準備一鍋滾水，燙熟所有海鮮料，撈起冰鎮。

12. 組合：鍋子加入做法 9 蔬菜料、備妥的玉米濃湯，中大火煮滾，轉小火煮 15 分鐘。

★一碗的比例是濃湯 200c.c.：蔬菜料 40g：海鮮料適量。

★本配方可準備濃湯 1000c.c.：蔬菜料 200g：海鮮料適量，煮一鍋食用。

13. 加入適量作法 3 過篩麵糊勾芡煮勻（不可全加，依想要的濃稠度慢慢加入），再煮滾後小火煮 5 分鐘。

14. 在碗中放入作法 10 海鮮料，再加入煮好的作法 13 濃湯基底，即可上桌。

No.18

# 義式奶油蘑菇濃湯

**材料**

| | |
|---|---|
| 含土蘑菇 | 150g |
| 無鹽奶油 | 40g |
| 飲用水 | 500 c.c. |
| 鮮奶 | 200 c.c. |

**麵糊**

| | |
|---|---|
| 無鹽奶油 | 30~50g |
| 中筋麵粉 | 300g |
| 飲用水 | 1200c.c. |

**海鮮料**

| | |
|---|---|
| 動物性鮮奶油 | 適量 |
| 特調椒鹽粉 | 適量 |

★特調胡椒鹽以白胡椒粉 1：鹽 3：糖 2 比例混勻。

**作法**

1. 麵糊：無鹽奶油煮融，關火，加入中筋麵粉拌勻。
2. 開小火，翻炒至麵粉香味釋出、顏色變黃。
3. 飲用水與炒好的奶油麵粉放入果汁機打勻，再用篩網過篩。
   ★勾芡時依需求量使用，用量越多越稠，越少則越稀。
4. 材料：含土蘑菇洗淨切片（含土的無漂白疑慮）。
5. 鍋子熱鍋，加入無鹽奶油、蘑菇片，中火炒至蘑菇收縮、呈金黃色。

6. 倒入鍋子中，加入飲用水、鮮奶煮滾，轉小火熬煮 20 分鐘。
7. 用均質機將蘑菇打碎，不需打到太碎，盡量保留些許蘑菇口感。

8. 加入特調椒鹽粉調味煮勻，加入適量麵糊勾芡。
9. 再次煮滾，煮滾後轉小火續煮 5 分鐘，完成。
10. 食用前淋上少許動物性鮮奶油即可。

■ No.19

# 花椰菜濃湯



**材料**

| | |
|---|---|
| 白花椰菜 | 3 顆 |
| 洋蔥 | 3 顆 |
| 無鹽奶油 | 150g |
| 馬鈴薯 | 2 顆 |
| 鮮奶 | 200c.c. |
| 飲用水 | 1200c.c. |

**調味料**

| | |
|---|---|
| 特調椒鹽粉 | 適量 |

**裝飾**

| | |
|---|---|
| 動物性鮮奶油 | 適量 |
| 荳蔻粉 | 適量 |

★特調胡椒鹽以白胡椒粉 1：鹽 3：糖 2 比例混勻

**香草束**

| | |
|---|---|
| 蒜苗葉 | 1 片 |
| 新鮮百里香 | 1 支 |
| 蒜頭 | 1 瓣 |
| 白胡椒粒 | 4~5 粒 |

★蒜頭剝皮。所有材料放入中藥袋，用棉繩綁起來。

**作法**

1. 馬鈴薯去皮切塊；白花椰菜洗淨撕成小朵；洋蔥切塊。
2. 鍋子熱鍋，放入無鹽奶油融化，放入洋蔥炒軟，放入花椰菜翻炒。
3. 加入馬鈴薯、飲用水、鮮奶、香草束，放上爐子轉大火煮滾，再轉小火熬煮 40 分鐘。
   ★熬煮過程中需不斷攪拌，避免馬鈴薯沉澱燒焦。
4. 取出香草束，用均質機打勻。

5. 加入調味料調味煮勻，再次煮滾即可熄火。

6. 盛碗，淋上適量動物性鮮奶油，撒少許荳蔻粉完成。

**湯料**

| | |
|---|---|
| 鮮奶 | 50c.c. |
| 玉米粒 | 200g |
| 玉米醬 | 200g |
| 飲用水 | 650g |
| 動物性鮮奶油 | 適量 |
| 乾巴西利葉碎 | 適量 |

**麵糊**

| | |
|---|---|
| 無鹽奶油 | 30~50g |
| 中筋麵粉 | 300g |
| 飲用水 | 1200c.c. |

**裝飾**

| | |
|---|---|
| 乾巴西利葉碎 | 適量 |

**調味料**

| | |
|---|---|
| 特調椒鹽粉 | 適量 |

★特調胡椒鹽以白胡椒粉 1：鹽 3：糖 2 比例混勻。

No.20

# 玉米濃湯

## 作法

1. 麵糊：無鹽奶油煮融，關火，加入中筋麵粉拌勻。開小火，翻炒至麵粉香味釋出、顏色變黃。飲用水與炒好的奶油麵粉放入果汁機打勻，再用篩網過篩。

★勾芡時依需求量使用，用量越多越稠，越少則越稀。

2. 湯料：鮮奶、玉米粒、玉米醬、飲用水一起煮滾。

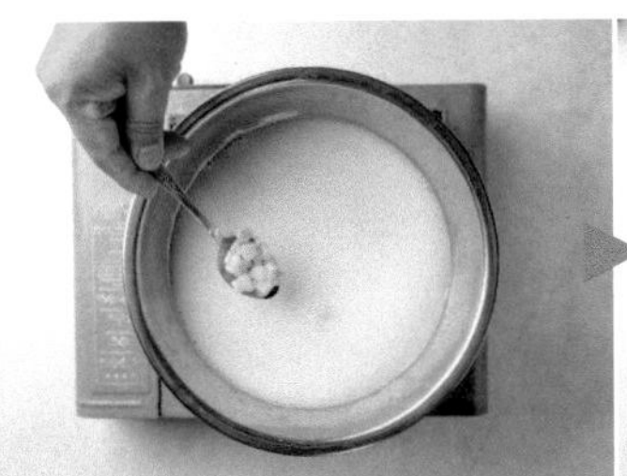

3. 加入準備好的麵糊勾芡，大火煮滾，加入調味料調味煮勻。
4. 加入動物性鮮奶油煮一下即可熄火。盛碗，撒上乾巴西利葉碎完成。

No.21

# 南瓜海鮮濃湯

### 調味料

| | |
|---|---|
| 特調椒鹽粉 | 適量 |

### 裝飾

| | |
|---|---|
| 乾巴西利葉碎 | 適量 |

★特調胡椒鹽以白胡椒粉 1：鹽 3：糖 2 比例混勻

### 材料

| | | | |
|---|---|---|---|
| 新鮮南瓜塊 | 500g（果肉重量） | 蟹肉 | 1 盒 |
| 飲用水 | 650c.c. | 小卷 | 2 隻 |
| 白蝦 | 10 隻 | 小干貝 | 20 顆 |

### 作法

1. 小卷分離小卷的頭與身體，去除內臟，眼睛處劃一刀，再以流水洗淨，剝皮輕輕抽出透明軟骨，切段；白蝦剃除腸泥；蟹肉洗淨；干貝洗淨從中剖半。

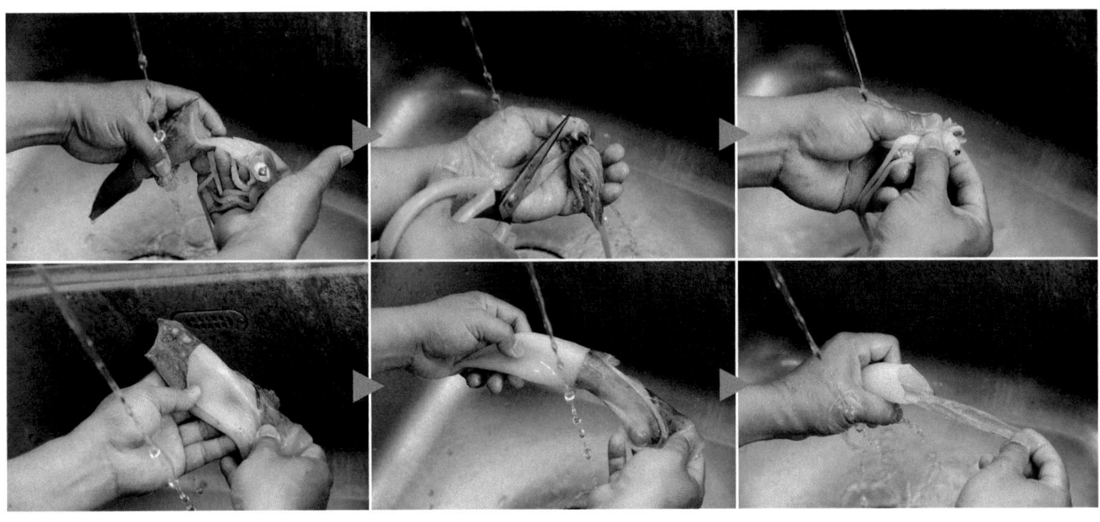

2. 準備一鍋滾水，燙熟四種海鮮料，撈起瀝乾冰鎮，另外剝除白蝦殼。
3. 新鮮南瓜塊蒸熟，與飲用水一起入果汁機中打勻（以均質機均質，質感會更細膩）。
4. 鍋子加入作法 3 煮滾，倒入調味料煮勻，加入四種海鮮料煮勻，盛碗撒乾巴西利葉碎。

No.22

# 紅蘿蔔濃湯

**湯料**

| | |
|---|---|
| 紅蘿蔔 | 250g |
| 馬鈴薯 | 1 顆 |
| 西芹梗 | 1 支 |
| 洋蔥 | 1 顆 |
| 柳丁 | 1 顆 |
| 飲用水 | 2500c.c. |

**調味料**

| | |
|---|---|
| 動物性鮮奶油(A) | 50~100g |
| 特調椒鹽粉 | 適量 |

★特調胡椒鹽以白胡椒粉 1：鹽 3：糖 2 比例混勻。

**裝飾**

| | |
|---|---|
| 乾巴西利葉碎 | 適量 |
| 動物性鮮奶油(B) | 適量 |

**作法**

1. 紅蘿蔔洗淨削皮切塊；馬鈴薯洗淨去皮去頭尾切塊；洋蔥洗淨頭尾切一刀，剝皮切塊。
2. 柳丁洗淨頭尾切兩刀，立起，切掉皮取果肉。湯料所有材料用果汁機打勻。
   ★使用果汁機較有口感；均質機則比較細緻。
3. 倒入鍋子，以中大火煮滾，加入特調椒鹽粉煮勻，加入動物性鮮奶油(A)再次煮滾熄火。
4. 盛碗，倒上動物性鮮奶油(B)，撒上乾巴西利葉碎。

# Part 4

# 主菜

DE NIGRIS
BALSAMIC
VINEGAR

■ No.23

# 秋蟹奶油白蘭地義大利麵

**材料**

| | |
|---|---|
| 螃蟹 | 1 隻（150~225g） |
| 義大利麵 | 150g |
| 蒜頭 | 2 瓣 |
| 洋蔥 | 20g |

**奶油醬**

| | |
|---|---|
| 無鹽奶油 | 20g |
| 白蘭地 | 20ml |
| 動物性鮮奶油 | 30ml |
| 飲用水 | 150~200c.c. |

**調味料**

| | |
|---|---|
| 鹽 | 1 小匙 |
| 白胡椒粉 | 1/2 小匙 |
| 糖 | 2 小匙 |

**作法**

1. 蒜頭去頭尾剝皮切碎；洋蔥去頭尾剝皮切絲。
2. 一手拿著秋蟹，剪刀從嘴巴插入，朝上扳分離蟹殼，洗淨內部，接著將蟹腮剝除，用剪刀一開四（或一開二）。

3. 準備一鍋滾水，加入一匙鹽（配方外）煮勻，放入義大利麵，煮至 7~8 分熟，把麵剝斷麵芯會有微微的深褐色。

4. 撈起瀝乾，淋上適量橄欖油（配方外），避免黏住。

5. 乾淨鍋子加入無鹽奶油、蒜頭碎、洋蔥絲，中火炒至油蔥變軟。

6. 加入螃蟹肉、螃蟹殼，轉大火煸炒，炒至螃蟹熟成變色，加入白蘭地，先把螃蟹夾起備用。

★白蘭地酒精濃度高，加入後 1~3 秒內鍋內會起火，要特別注意。

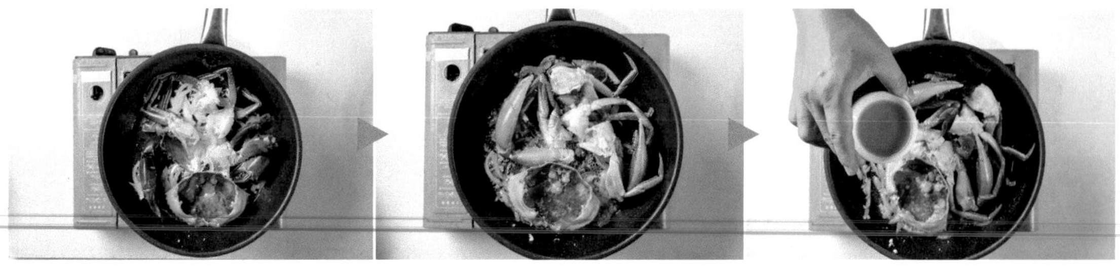

7. 原鍋加入飲用水、義大利麵、調味料，開大火炒勻收縮湯汁。

8. 加入動物性鮮奶油大火煮滾，確認麵條煮熟後夾起盛盤。

9. 原鍋加入螃蟹肉、螃蟹殼，大火翻炒，讓醬汁裹上螃蟹，盛盤。

DE NIGRIS
BALSAMIC
VINEGAR

■ No.24

# 香煎鮭魚佐巴薩米克

**材料**

| | |
|---|---|
| 鮭魚 | 2 片(1 片約 250g) |
| 玉米筍 | 2 支 |
| 新鮮南瓜片 | 2 片 |

**調味料**

| | |
|---|---|
| 巴薩米克醋 | 50c.c. |

**醃料**

| | |
|---|---|
| 白胡椒粉 | 2 小匙 |

**裝飾**

| | |
|---|---|
| 新鮮迷迭香 | 適量 |

**作法**

1. 準備一鍋滾水,加入適量鹽(配方外),汆燙洗淨玉米筍、新鮮南瓜片,燙熟撈起瀝乾。
2. 手洗淨擦乾,將鮭魚與白胡椒粉抓醃,抓好後就可以準備煎了。(圖 1)
3. 乾淨鍋子熱鍋,加入適量橄欖油(配方外),熱油。
4. 鋪上鮭魚,中火將兩面煎熟,取出備用。(圖 2~4)
5. 原鍋倒入巴薩米克醋,中火煮滾收汁。(圖 5~6)
6. 盤子畫上作法 5 醬汁,鋪上鮭魚,放上玉米筍、南瓜片,裝飾新鮮迷迭香。

No.25

# 香酥杏仁鱈魚排佐塔塔醬

**材料**

| | |
|---|---|
| 鱈魚 | 4片（1片約60g） |

**麵衣**

| | |
|---|---|
| 麵包粉 | 適量 |
| 生杏仁角 | 適量 |
| 雞蛋 | 1顆 |
| 麵粉 | 適量 |

★麵包粉又稱香酥粉

**塔塔醬**

| | |
|---|---|
| 美玉白汁 | 175g |
| 酸豆碎 | 5g |
| 甜瓜碎 | 25g |
| 洋蔥碎 | 15g |
| 水煮蛋（切碎） | 30g |
| 乾巴西利葉碎 | 少許 |

**作法**

1. 塔塔醬所有材料放入鋼盆，用湯匙拌勻備用。
2. 麵包粉與生杏仁角混合均勻；雞蛋打散。
3. 鱈魚沾一層薄薄的麵粉，再沾全蛋液，裹上混勻的麵包粉與生杏仁角。

4. 鍋子加入適量沙拉油（配方外），油量至少要可以醃過鱈魚，加熱至180˚C。

★可以丟一點麵包粉下去，當麵包粉快速上浮、邊緣不間斷冒出油炸泡泡，就是溫度夠了。

5. 放入作法3裹上麵衣的鱈魚，時不時翻面，炸至麵衣金黃、鱈魚熟成，起鍋前轉大火，逼出過多的油脂，撈起瀝乾，放上廚房紙巾吸油。盛盤，佐上塔塔醬。

No.26

# 酥皮羊排佐青醬

**材料**

| | |
|---|---|
| 帶骨羊小排 | 2 支 |
| 酥皮 | 4 片 |

**醃料**

| | |
|---|---|
| 特調胡椒鹽 | 適量 |

**調味料**

| | |
|---|---|
| 特調胡椒鹽 | 適量 |

★特調胡椒鹽以白胡椒粉 1：鹽 3：糖 2 比例混勻

**青醬**

| | |
|---|---|
| 九層塔 | 150g |
| 鯷魚 | 3 條 |
| 杏仁角 | 30g |
| 蒜頭 | 2 瓣 |
| 帕瑪森起司粉 | 80g |
| 橄欖油 | 300g |

**燉蔬菜**

| | |
|---|---|
| 黃甜椒 | 1 顆 |
| 紅甜椒 | 1 顆 |
| 青椒 | 1 顆 |
| 茄子 | 1 條 |
| 小黃瓜 | 1 條 |
| 切碎牛番茄 | 200g |
| 番茄醬 | 200g |
| 無鹽奶油 | 40g |
| 洋蔥 | 150g |

**作法**

1. 青醬：九層塔、鯷魚、杏仁角、蒜頭用調理機打碎。

2. 倒入容器中，加入帕瑪森起司粉、橄欖油拌勻。

3. 燉蔬菜：茄子洗淨切小塊；黃甜椒、紅甜椒、青椒洗淨切小片；洋蔥切去頭尾，剝皮切小片；小黃瓜洗淨去籽切小片。

★小黃瓜不去籽會出水，不利於醬料保存，容易壞掉。

4. 鍋子熱鍋，加入無鹽奶油、洋蔥，中火炒至洋蔥透明。

5. 加入小黃瓜拌炒 30 秒，加入茄子拌炒均勻，加入黃甜椒、紅甜椒、青椒拌炒均勻。

6. 加入番茄醬、切碎牛番茄，轉中小火拌炒均勻，加入調味料拌勻。

7. 材料：帶骨羊小排與醃料抓醃，抓勻後就可以準備煎了。

8. 鍋子熱鍋，加入適量橄欖油（配方外）熱油，放入羊排煎至 6~7 分熟。

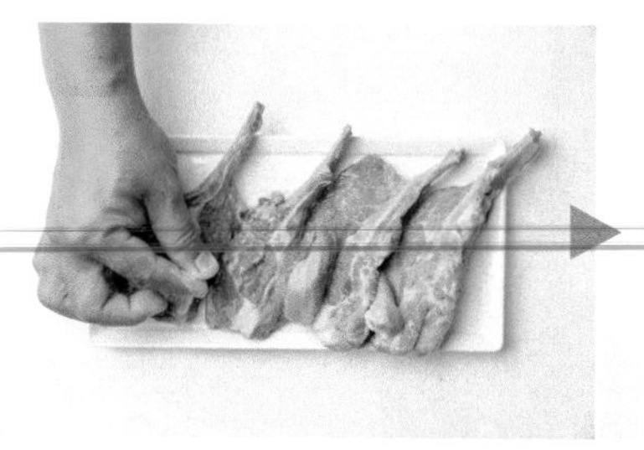

9. 不沾烤盤鋪平酥皮，放上適量作法 6 炒好的燉蔬菜，再放上作法 8 羊排。

10. 刷上青醬，取另一塊酥皮覆蓋羊排，收口處刷適量全蛋液（配方外），表面也可刷適量。

★收口處有刷全蛋液烘烤後才會黏住，不刷也可以；表面刷蛋液成品色澤更佳。

11. 送入預熱好的烤箱，以上下火 200°C 烘烤 15~20 分鐘，烤熟。

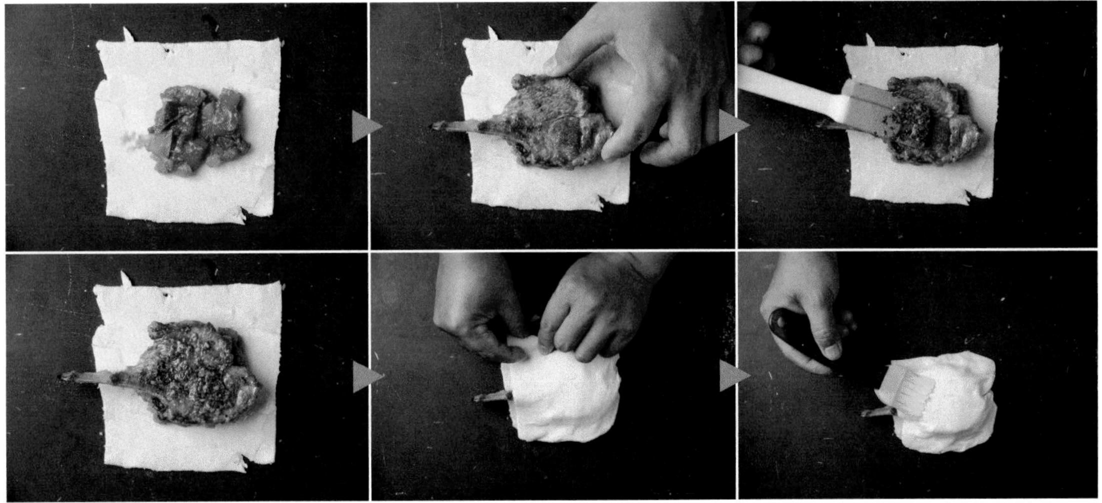

**材料**

| | |
|---|---|
| 黑豬絞肉（粗目肥 3 瘦 7） | 300g |
| 洋蔥碎 | 20g |
| 雞蛋 | 1 顆 |
| 麵包粉 | 10g |
| 鮮奶 | 20c.c. |

**調味料**

| | |
|---|---|
| 特調胡椒鹽 | 適量 |

★特調胡椒鹽以白胡椒粉 1：鹽 3：糖 2 比例混勻

■ No.27

# 手作漢堡排



作法

1. 鋼盆加入黑豬絞肉、洋蔥碎、雞蛋、麵包粉、鮮奶、特調胡椒鹽。
2. 全部拌勻，反覆摔打絞肉，摔打至絞肉白肉蛋白增生，產生黏性，整形成片狀。

★如此便可以不用加粉類做黏著動作。

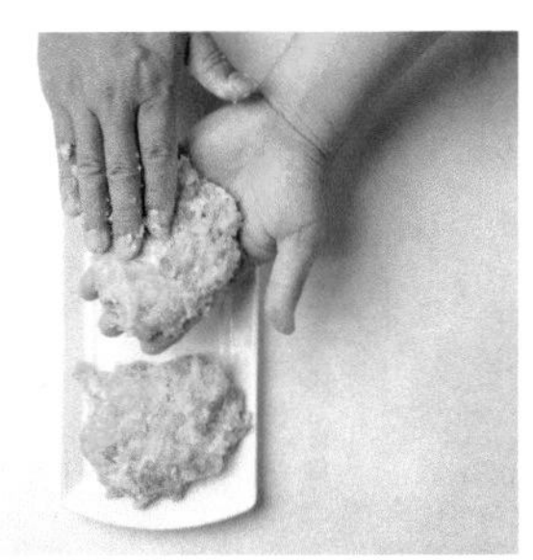

3. 乾淨鍋子熱鍋，倒入適量沙拉油（配方外）熱油，沙拉油不需加太多，因為黑豬絞肉會出油。
4. 放入作法 2 絞肉，中火煎至單面上色，翻面，轉小火慢慢煎熟。

★注意不可加蓋，加蓋會給絞肉增加壓力，壓力無處釋放時，肉汁會流失，不加蓋慢慢煎可以讓肉汁鎖在絞肉中。

★可以用竹籤插入絞肉中，觀察溢出的汁液，透明有油脂感表示肉熟了，如果是呈現濁濁的白，代表未熟。

No.28

# 卡布娜拉培根義大利麵

**材料**

| | |
|---|---|
| 義大利麵 | 180g |
| 培根 | 4 條 |
| 乾洋香菜葉 | 適量 |
| 飲用水 | 200c.c. |

**調味料**

| | |
|---|---|
| 特調胡椒鹽 | 適量 |

★特調胡椒鹽以白胡椒粉 1：鹽 3：糖 2 比例混勻

**醬汁**

| | |
|---|---|
| 蛋黃 | 5 顆 |
| 動物性鮮奶油 | 350g |
| 起司粉 | 40g |
| 黑胡椒粗粒 | 少許 |

**作法**

1. 培根切段；醬汁材料混勻備用。
2. 準備一鍋滾水，加入一匙鹽（配方外）煮勻，放入義大利麵煮至 7~8 分熟，把麵剝斷麵芯會有微微的深褐色。
3. 撈起瀝乾，淋上適量橄欖油（配方外），避免黏住。
4. 乾淨鍋子熱鍋，倒入適量橄欖油（配方外），微微熱油（油不可過燙），橄欖油不需加太多，因為培根會出油。
5. 加入培根，鍋子轉大火煸炒，炒到培根上色微焦。（圖 1）
6. 倒入飲用水煮滾，加入調味料煮勻，加入義大利麵翻炒縮汁，讓味道濃縮在麵條中。（圖2~4）
7. 加入約 80~100c.c. 醬汁煮勻翻炒，再稍微加熱縮汁，也讓醬料裹上麵條，盛盤，撒上乾洋香菜葉。（圖 5~6）

★作法 5~7 如果可以掌控鍋內狀態，可以全程使用大火烹飪；如果比較不熟練，建議用中大火操作。

■ No.29

# 南瓜海鮮燉飯

## 材料

| | |
|---|---|
| 新鮮南瓜塊 | 150g |
| 飲用水 | 300c.c. |
| 半熟白米 | 150g |
| 洋蔥 | 20g |
| 青菜 | 3 小朵 |
| 玉米筍 | 3 支 |
| 紅蘿蔔 | 3 小條 |
| 蟹管肉 | 8 個 |
| 小卷 | 半隻 |
| 白蝦 | 3 隻 |
| 干貝 | 1 個 |

## 調味料

| | |
|---|---|
| 特調胡椒鹽 | 適量 |

★特調胡椒鹽以白胡椒粉 1：鹽 3：糖 2 比例混勻。

## 作法

1. 小卷分離小卷的頭與身體，去除內臟，眼睛處劃一刀，再以流水洗淨，剝皮輕輕抽出透明軟骨，切段；白蝦剝除腸泥；蟹管肉洗淨；干貝洗淨從中剖半。

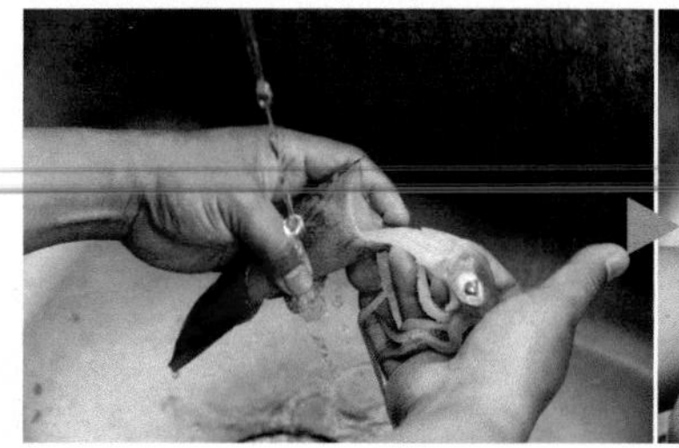

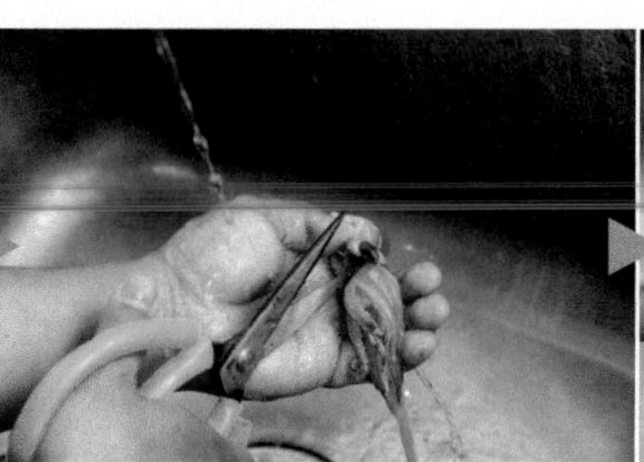

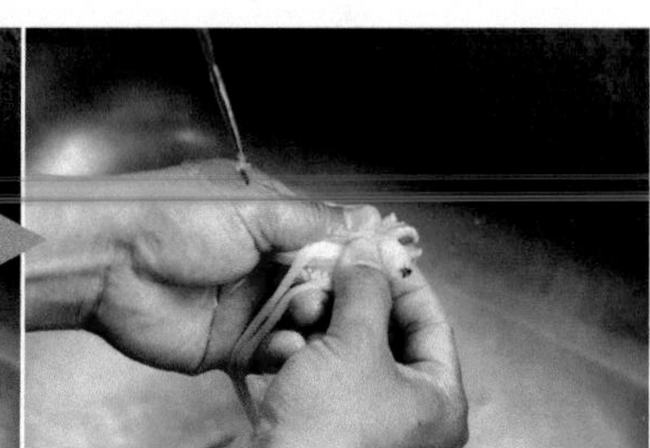

（續右頁）

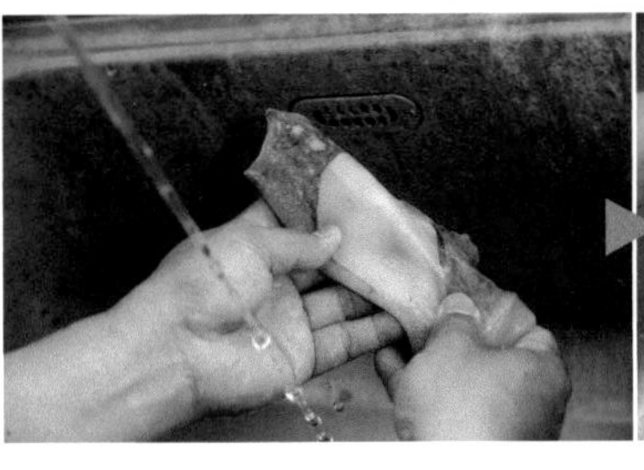
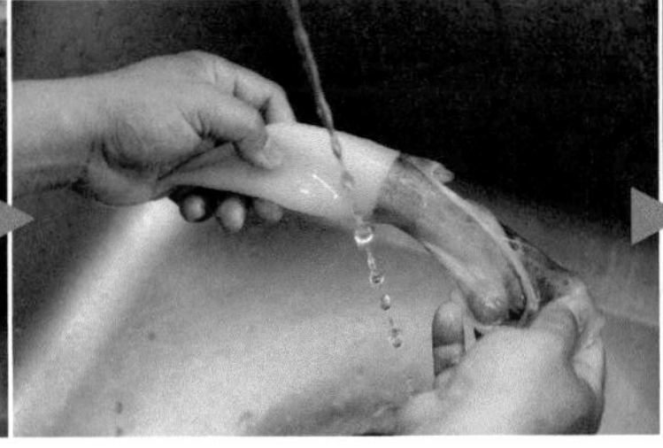
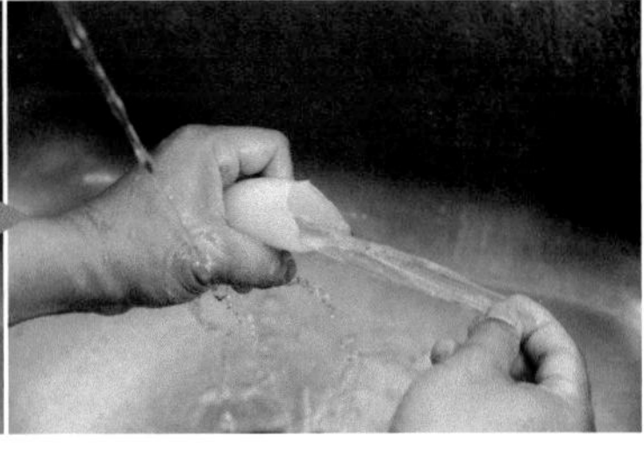

2. 洋蔥切去頭尾，剝皮切絲；青菜洗淨，切小朵；玉米筍洗淨斜切；紅蘿蔔削皮，切去頭尾切條。

3. 準備一鍋滾水，燙熟青菜、玉米筍、紅蘿蔔，撈起瀝乾冰鎮。

4. 準備一鍋滾水，燙熟四種海鮮料，撈起瀝乾冰鎮，另外剝除白蝦殼。

5. 新鮮南瓜蒸熟，與飲用水、調味料一起加入果汁機中打勻（可用均質機均質，質感會更細膩）。

6. 乾淨鍋子熱鍋，倒入橄欖油（配方外）熱油，放入洋蔥絲中火炒軟。（圖 1~2）

7. 加入作法 5 南瓜泥飲用水煮滾，放入半熟白米，煮至再次冒泡，加入特調胡椒鹽煮勻。（圖 3~7）

8. 倒入剩餘材料，邊拌邊再次煮滾完成，盛盤，撒上乾巴西利葉（配方外）。（圖 8~9）

**材料**

| | |
|---|---|
| 義大利麵 | 180g |
| 蛤蠣 | 100g |
| 蒜頭 | 30 g |
| 九層塔 | 適量 |
| 飲用水 | 200c.c. |

**調味料**

| | |
|---|---|
| 特調胡椒鹽 | 適量 |

★特調胡椒鹽以白胡椒粉 1：鹽 3：糖 2 比例混勻。

| | |
|---|---|
| 白胡椒粉 | 適量 |

No.30

# 蒜香辣味蛤蠣義大利麵



## 作法

1. 蒜頭切碎；九層塔切碎；蛤蠣浸泡鹽水，泡約 1~2 小時吐沙。
2. 準備一鍋滾水，加入一匙鹽（配方外）煮勻，放入義大利麵，煮至 7~8 分熟，把麵剝斷麵芯會有微微的深褐色。
3. 撈起瀝乾，淋上適量橄欖油（配方外），避免黏住。
4. 乾淨鍋子熱鍋，倒入適量橄欖油（配方外），微微熱油（油不可過燙），加入蒜頭碎爆香。
5. 爆至蒜頭呈現金黃色，倒入飲用水煮滾，加入調味料煮勻。

6. 加入蛤蠣，大火煮至蛤蠣殼開，煮的其間水會慢慢收乾（如果太乾可再適當補 20~30c.c. 飲用水）。
7. 把殼開的蛤蠣用夾子夾起備用，鍋子加入煮好的義大利麵拌勻，讓麵條裹上醬汁完成，麵條盛盤，放上蛤蠣、九層塔碎完成。

**材料**

| | |
|---|---|
| 蝴蝶麵 | 180g |
| 罐頭鮪魚 | 50g |
| 洋蔥 | 30g |
| 蒜頭 | 20g |
| 紅甜椒 | 5g |
| 飲用水 | 250c.c. |

**調味料**

| | |
|---|---|
| 特調胡椒鹽 | 適量 |

★特調胡椒鹽以白胡椒粉 1：鹽 3：糖 2 比例混勻。

No.31

# 鮪魚蝴蝶麵



作法

1. 洋蔥去頭尾，剝皮切絲；蒜頭去頭尾剝皮切片；紅甜椒切小粒；罐頭鮪魚秤需要的量，秤的時候不用刻意把油擠乾，帶油的鮪魚充滿香氣。
2. 準備一鍋滾水，加入一匙鹽（配方外）煮勻，放入蝴蝶麵煮至 7~8 分熟，把麵剝斷麵芯會有微微的深褐色。
3. 撈起瀝乾，淋上適量橄欖油（配方外），避免黏住。
4. 乾淨鍋子熱鍋，倒入適量橄欖油（配方外），微微熱油（油不可過燙），加入蒜頭片、洋蔥絲中火爆香，爆至洋蔥絲變色。
5. 轉大火，加入鮪魚翻炒一下（鮪魚會有不同的香氣），倒入飲用水煮滾，加入調味料煮勻。

6. 倒入蝴蝶麵翻煮，中大火慢慢收汁（要收的時候如果發現汁液太少，可適當加入 20~30c.c. 飲用水）。

7. 盛盤，表面撒上紅甜椒粒，完成。

# Part 5
# 甜點

No.32

# 輕乳酪蛋糕

## 材料

| | | |
|---|---|---|
| A | 鮮奶 | 200g |
| | 奶油乳酪 | 150g |
| B | 低筋麵粉 | 25g |
| | 玉米粉 | 25g |
| C | 蛋黃 | 50g |
| D | 檸檬汁 | 5g |
| E | 蛋白 | 150g |
| | 細砂糖 | 95g |
| | 鹽 | 2g |

## 作法

1. 準備：預先準備 2 個 8 吋固定模，模具內側噴烤盤油（或抹室溫軟化的無鹽奶油），底部鋪一張圓形烤焙紙。

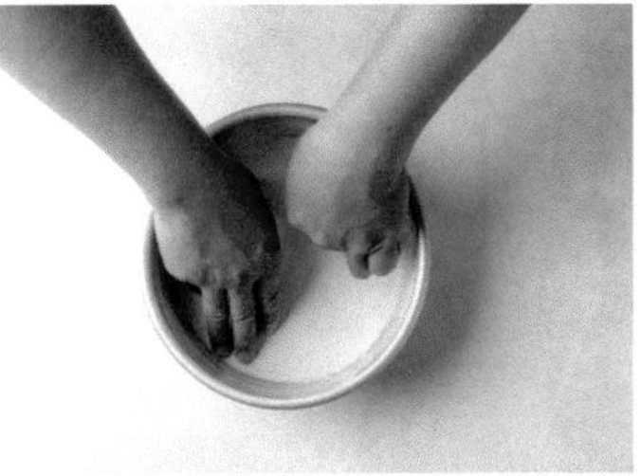

2. 蛋黃麵糊：乾淨鋼盆加入鮮奶、奶油乳酪，隔水加熱至融化。

3. 待融化完成將材料稍微降溫，溫度約 50~60°C，加入過篩低筋麵粉、過篩玉米粉，拌勻。

4. 加入蛋黃拌勻，加入檸檬汁拌勻。

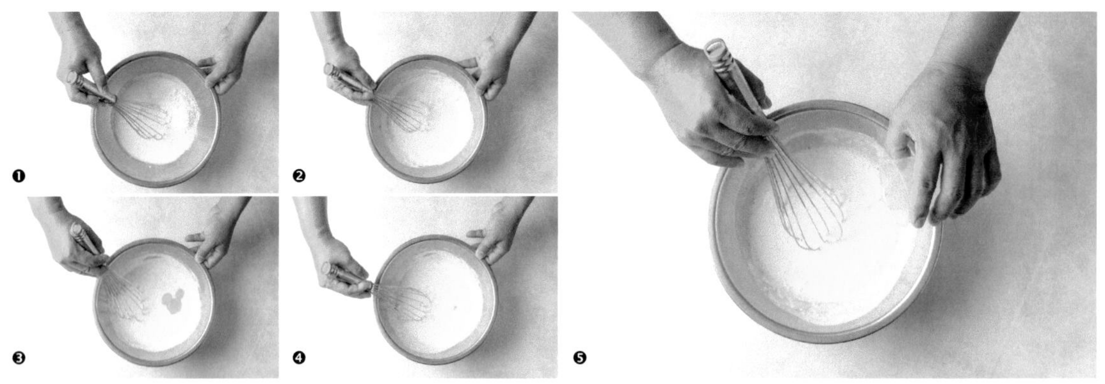

5. 蛋白霜：乾淨鋼盆加入蛋白，用爪型攪拌器快速打至出現粗泡泡。

6. 加入細砂糖、鹽繼續打發，打至呈溼性發泡狀態。

7. 組合：作法 6 打發蛋白霜取 1/3，放入作法 4 麵糊中拌勻，拌勻後再加入剩餘 2/3 的打發蛋白中拌勻。

8. 麵糊倒入8吋固定模中，放入深烤盤(一定要用深烤盤，用淺烤盤出爐時有燙傷風險)。

9. 烤盤內倒入浸過模具1/5的水(依烤盤大小調整水量，作法示範約倒500c.c的水)，以水浴法方式烤焙。送入預熱好的烤箱，以上火180°C / 下火150°C，烤15分鐘；時間到戴上手套，將烤盤調頭，溫度調整上下火150°C，烤25分鐘(烤完如果表面未上色，將溫度調整至上火170°C / 下火150°C，再烤3~5分鐘，烤至上色才開始燜)，時間到關火，燜10分鐘。

10. 雙手戴上手套，出爐蛋糕，將蛋糕傾斜輕敲，此時蛋糕會脫離模具，表面放一張厚紙卡，倒扣蛋糕體。

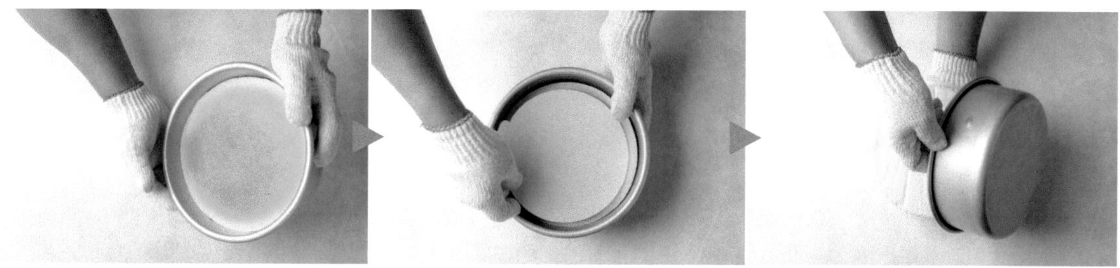

11. 撕下鋪在底部的圓形烤焙紙，放上蛋糕托盤，快速翻正，取下作法10厚紙卡，完成。

★ 若蛋糕表面顏色太淺，做脫模的步驟時表面很容易會脫皮。

BUSINESS DESK BOOK

No.33

# 起司慕斯蛋糕

**材料**

| | | |
|---|---|---|
| A | 鮮奶 | 1000g |
| | 奶油乳酪 | 500g |
| B | 蛋黃（常溫） | 240g |
| C | 吉利丁凍（P.103） | 250g |
| D | 蛋白（常溫） | 360g |
| | 細砂糖 | 375g |
| | 水 | 67g |
| E | 植物性鮮奶油 | 600g |

**餅乾底**

| | |
|---|---|
| 奇福餅乾碎 | 690 g |
| 無鹽奶油 | 214 g |

**裝飾**

| | |
|---|---|
| 奇福餅乾碎 | 適量 |

**作法**

1. 準備：木板鋪上一張烤焙紙，再放上慕斯框備用。

★慕斯框長 60、寬 40、高 6 公分。

2. 餅乾底：無鹽奶油融化成液狀，與奇福餅乾碎混匀。

3. 乳酪餡：乾淨鋼盆加入鮮奶、奶油乳酪，隔水加熱至乳酪融化，溫度約 70°C。

★可以使用均質機讓質地更滑順，沒有也沒關係。

4. 加入蛋黃拌匀，加入吉利丁凍拌匀，拌至材料完全融化，鋼盆底部墊冰水，降溫至約 30°C。

5. 乾淨鋼盆加入植物性鮮奶油，用爪型攪拌器打至 8 分發。

6. 材料 D 以義式蛋白霜作法打發。有柄鍋加入細砂糖、水，一同煮到 118°C，此時會呈現微濃稠狀。將煮好的糖水慢慢倒入常溫蛋白中打至 8 分發。

7. 作法 4 乳酪糊一次倒入作法 6 義式蛋白霜中，混合拌勻。

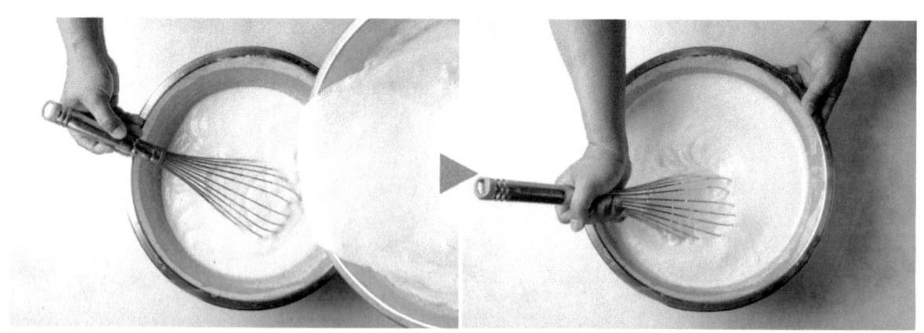

8. 再分兩次加入作法 5 打發鮮奶油拌勻。

9. 組合：作法 1 慕斯框底部鋪上一層作法 2 餅乾底，壓實。

10. 灌入完成的作法 7 乳酪餡，抹平，表面撒奇福餅乾碎，用保鮮膜封起（注意不可貼住食材），送入冰箱冷凍 4 小時，冷凍至成形。

（續右頁）

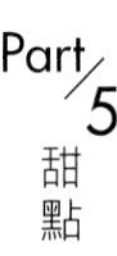

**11.** 脫模：慕斯框四邊用噴槍加熱，讓材料與模具分離，輕輕脫模，每個分切長 5、寬 3，完成。

No.34

# 菠蘿泡芙

**泡芙**

| | | |
|---|---|---|
| A | 飲用水 | 450g |
| | 無鹽奶油 | 210g |
| | 沙拉油 | 210g |
| B | 低筋麵粉 | 420g |
| | 泡打粉 | 12g |
| C | 全蛋（常溫） | 12~15 顆 |

**菠蘿皮**

| | | |
|---|---|---|
| A | 無鹽奶油 | 105g |
| | 細砂糖 | 138g |
| B | 全蛋 | 70g |
| C | 低筋麵粉 | 250g |
| | 玉米粉 | 2g |
| | 高筋麵粉 | 20g |

**作法**

1. 菠蘿皮：鋼盆加入無鹽奶油、細砂糖拌勻。

2. 分次加入全蛋拌勻，每次都要等到材料完全融入，才可再加。

★量少可以一口氣加入，量多建議分次加入，避免油水分離。

3. 加入一同過篩的材料 C 粉類，一手搭配軟刮板壓拌均勻。

4. 保鮮膜封起鋼盆，放入冷藏或冷凍，待麵團微硬後取出，撒上高筋麵粉（配方外，依實際需要撒上即可，此處是手粉的作用），搓成長條狀。

5. 以烤焙紙捲起，冷凍備用，凍硬後切片使用（不用時一樣要放回冰箱）。

★冷凍時間依冰箱溫度調整，此處將材料凍硬，方便切割即可。

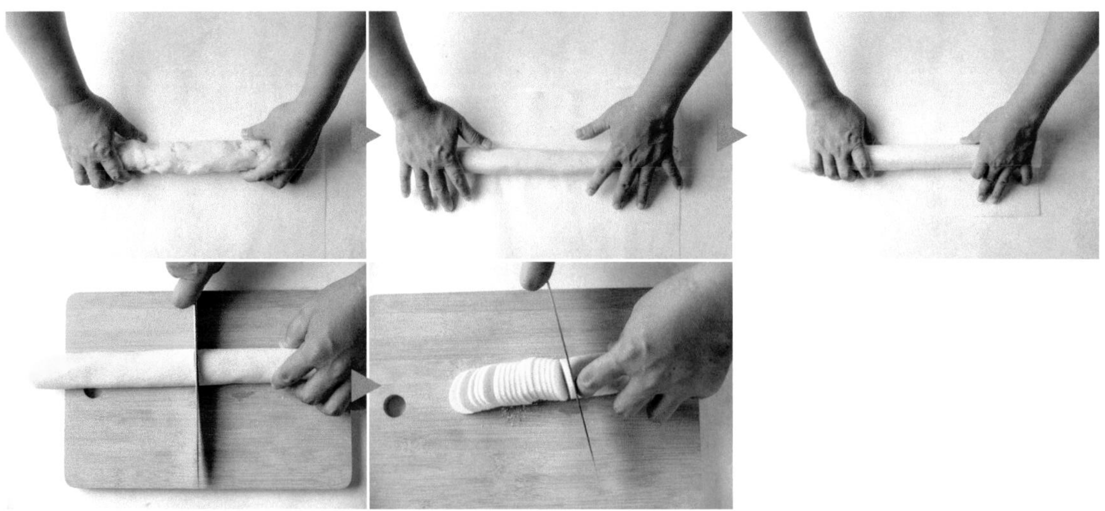

6. 泡芙：材料 A 放入鍋中一起煮滾，熄火。

7. 加入一同過篩的材料 B 拌勻，再次開火，以小火邊煮邊攪拌，拌到麵糊冒泡即可熄火，倒入攪拌缸。

8. 慢慢加入材料 C 全蛋，槳狀攪拌器全程中速攪拌，邊攪拌邊加，拌至全蛋融入材料。

★量少可以一口氣加入，量多建議分次加入，避免油水分離。

9. 裝入擠花袋中，使用圓形花嘴（花嘴直徑 1 公分）。

10. 依需要的大小擠上不沾烤盤，每個間距約三根手指。

11. 表面噴水，送入預熱好的旋風烤箱，以上下火 170°C 烤 32 分鐘。

No.35

# 千層蛋糕

## 千層蛋糕

| | | |
|---|---|---|
| A | 鮮奶 | 376g |
| B | 低筋麵粉 | 128g |
| C | 全蛋 | 4 顆 |
| D | 無鹽奶油 | 40g |

## 卡士達餡

| | | |
|---|---|---|
| A | 細砂糖 | 122g |
| | 鮮奶 | 351g |
| | 香草莢醬 | 1g |
| B | 低筋麵粉 | 25g |
| | 玉米粉 | 18g |
| C | 蛋黃 | 2 個 |

## 作法

1. 卡士達餡：取 1/3 細砂糖與材料 B 混勻（這樣比較不會有結塊狀況）。
2. 乾淨鋼盆加入材料 A 混合拌勻，中火拌煮加熱，煮至 90°C 關火。
3. 材料 B 粉類過篩，加入作法 2 拌勻。

4. 加入蛋黃，打蛋器繼續拌勻。
5. 接著隔水加熱，中火煮至濃稠狀，一開始煮會呈現液態、表面有浮沫，再煮一下材料就會收縮、變成濃稠狀。

★隔水加熱較不容易燒焦。濃稠度大概是拿起打蛋器，材料約 1~1.5 秒會沉下去，沉不下去就是太稠了。

6. 熄火後靜置冷卻，即可使用。

7. 千層蛋糕：低筋麵粉過篩，倒入鋼盆中。

8. 加入一半鮮奶拌開拌勻，再加入另一半鮮奶拌勻（分兩次拌勻可避免結顆粒）。

9. 無鹽奶油煮至融化，倒入作法 8 拌勻。

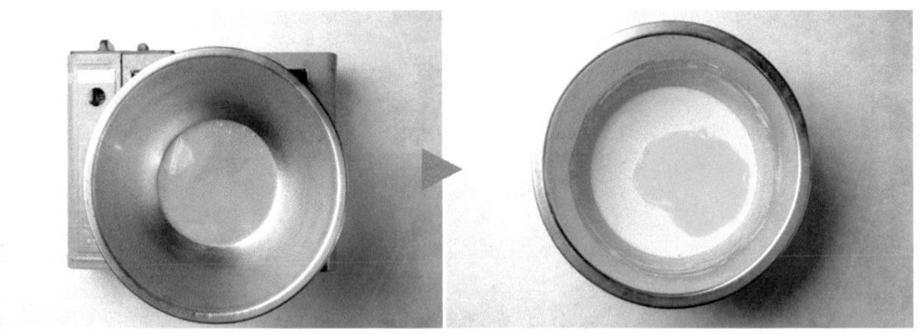

10. 加入全蛋，以打蛋器快速拌勻，用篩網過篩，讓質感更細緻。

11. 不沾鍋熱鍋，倒入適量麵糊，中火將兩面煎至上色、熟成。

★共煎約二十片，一片直徑約 30 公分。

（續右頁）

12. 組合：取一片薄餅鋪底，抹上卡士達餡，鋪上薄餅，再抹卡士達餡，重複此動作至完成，送入冰箱冷凍。

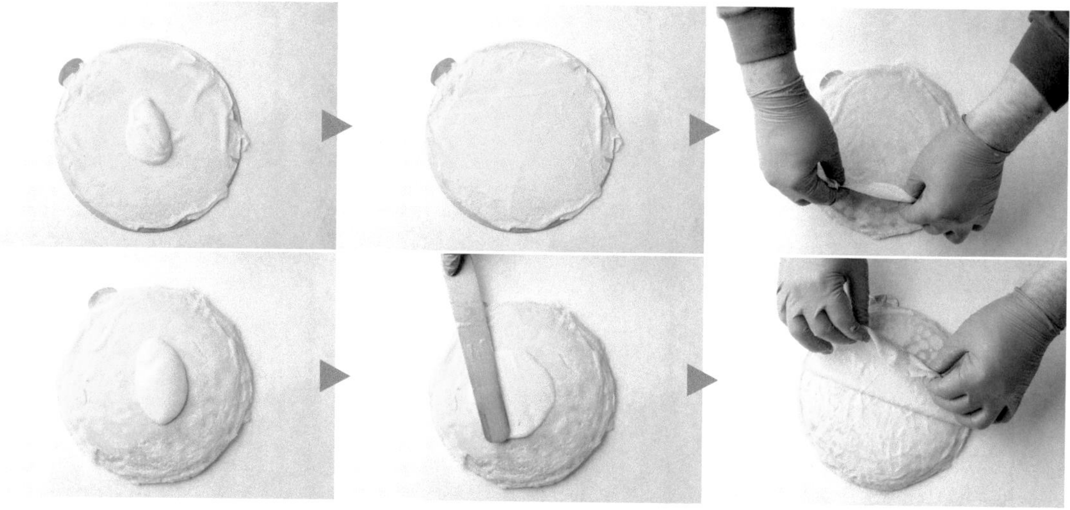

13. 冷凍後分切，可以選擇將中心冰到硬或不硬。

# ★ 原味海綿蛋糕

材料

| | | |
|---|---|---|
| A | 全蛋 | 510g |
| | 蛋黃 | 75g |
| | 細砂糖 | 180g |
| | 鹽 | 少許 |
| B | 低筋麵粉 | 100g |
| | 玉米粉 | 53g |
| | 泡打粉 | 1t |
| C | 三花奶水 | 60g |
| D | 無鹽奶油 | 90g |
| | 沙拉油 | 83g |

作法

1. 材料 D 無鹽奶油與沙拉油加熱至 70 ~ 80°C，熄火。
2. 倒入加熱至 80 ~ 100°C 的三花奶水，倒入後靜置不攪拌。
3. 材料 B 低筋麵粉、玉米粉、泡打粉一起過篩。
4. 全蛋、蛋黃、細砂糖、鹽一起倒入攪拌缸，以快速打至全發，轉中速打約 1 分鐘，再以低速攪拌。
5. 用低速慢慢加入過篩作法 3 粉類，再以中速攪拌約 10 ~ 20 秒。
6. 作法 2 倒入 1/5 作法 5 拌好的麵糊，以打蛋器拌勻。
7. 拌勻後，再倒入剩餘的 4/5 麵糊拌勻。
8. 倒入鋪上白報紙的烤盤，用刮板來回抹平麵糊，輕敲烤盤，敲出麵糊中的氣泡。

   ★將麵糊大致抹平，烤出來才不會有嚴重的高低差。
9. 送入預熱好的烤箱，以上火 180°C / 下火 160°C 烤焙 9 分鐘後，上火降溫為 160°C，再烤 9 分鐘即可出爐。
10. 戴上隔熱手套，輕敲烤盤讓熱氣排出，撕掉白報紙，蛋糕置於涼架上靜置放涼。

# ★巧克力海綿蛋糕

## 材料

| | | |
|---|---|---|
| A | 全蛋 | 510g |
| | 蛋黃 | 75g |
| | 細砂糖 | 180g |
| | 鹽 | 少許 |
| B | 低筋麵粉 | 60g |
| | 玉米粉 | 53g |
| | 泡打粉 | 1t |
| C | 三花奶水 | 60g |
| D | 無鹽奶油 | 90g |
| | 沙拉油 | 83g |
| E | 可可粉 | 40g |

## 作法

1. 材料 D 無鹽奶油與沙拉油加熱至 70 ~ 80°C，熄火，倒入材料 E 過篩可可粉拌匀備用。
2. 倒入加熱至 80 ~ 100°C 的三花奶水，倒入後靜置不攪拌。
   ★因為密度的關係，三花奶水倒入後會沉在底部，表面看不到。
   ★現階段不攪拌是為了保持溫度，避免攪拌後材料溫度下降。
3. 材料 B 低筋麵粉、玉米粉、泡打粉一起過篩。
4. 全蛋、蛋黃、細砂糖、鹽一起倒入攪拌缸，以快速打至全發，轉中速打約 1 分鐘，再以低速攪拌。
5. 用低速慢慢加入過篩作法 3 粉類，再以中速攪拌約 10 ~ 20 秒。
6. 作法 2 倒入 1/5 作法 5 拌好的麵糊，以打蛋器拌匀。
7. 拌匀後，再倒入剩餘的 4/5 麵糊拌匀。
8. 倒入鋪上白報紙的烤盤，用刮板來回抹平麵糊，輕敲烤盤，敲出麵糊中的氣泡。
   ★將麵糊大致抹平，烤出來才不會有嚴重的高低差。
9. 送入預熱好的烤箱，以上火 180°C / 下火 160°C 烤焙 9 分鐘後，上火降溫為 160°C，再烤 9 分鐘即可出爐。
10. 戴上隔熱手套，輕敲烤盤讓熱氣排出，撕掉白報紙，蛋糕置於涼架上靜置放涼。

No.36

# 櫻桃白蘭地慕斯

**慕斯體**

| | | |
|---|---|---|
| A | 櫻桃汁 | 425g |
| | 飲用水 | 213g |
| | 細砂糖 | 150g |
| B | 吉利丁凍 | 238g |
| C | 白蘭地 | 35g |
| | 檸檬汁 | 20g |
| D | 植物性鮮奶油 | 850g |
| E | 罐頭碎櫻桃 | 100g |

**蛋糕體**

| | |
|---|---|
| 原味海綿蛋糕（P.100） | 一盤 |
| 巧克力海綿蛋糕（P.101） | 一盤 |

**吉利丁凍**

| | |
|---|---|
| 吉利丁粉 | 50g |
| 冰水 | 250g |

**作法**

1. 準備：木板鋪上一張烤焙紙，再放上慕斯框備用。慕斯框長 60、寬 40、高 6 公分。
2. 吉利丁凍：鋼盆加入吉利丁粉、冰水拌勻。
3. 送入冰箱冷藏 3 分鐘，混勻的吉利丁水會慢慢凝固。
4. 再用打蛋器翻整均勻。

   ★為了避免內裏有些地方水分很多， 凝固後我們再拌一次，拌過之後吉利丁凍會更加均勻，下次用的時候也會比較鬆散、不會結成硬塊，之後使用更加方便。
5. 保鮮膜妥善封起，要使用時，以乾淨的器具取出秤量即可。

   ★「吉利丁凍」製作比例為吉利丁粉 1：冰水 5，我的習慣是預先做好一個鋼盆的量，需要時就可以直接秤取使用。
6. 慕斯體：乾淨鋼盆加入材料 A，中大火一起煮滾，降溫至 60°C。
7. 加入吉利丁凍拌勻（需確認吉利丁確實融化）。

8. 加入罐頭碎櫻桃拌勻，加入材料 C 拌勻（使用檸檬汁增加風味）。

9. 乾淨鋼盆加入植物性鮮奶油，用爪型攪拌器打至 8 分發。

10. 打發植物性鮮奶油分兩次加入作法 8 中拌勻。

11. 組合：慕斯框底部鋪上巧克力海綿蛋糕，灌入一半完成的慕斯體，用刮板來回抹平。

12. 再鋪上原味海綿蛋糕，灌入剩餘的慕斯體，用刮板來回抹平，用保鮮膜封起（注意不是貼住材料，是蓋上模具），送入冰箱冷凍 4 小時，冷凍至成型。

（續右頁）

**13.** 脫模：慕斯框四邊用噴槍加熱，讓材料與模具分離，輕輕脫模，每個分切長 5、寬 3 公分。

No.37

# 奇異果慕斯

**慕斯體**

| | | |
|---|---|---|
| A | 新鮮奇異果泥 | 403g |
| B | 飲用水 | 288g |
| | 細砂糖 | 150g |
| C | 吉利丁凍 | 259g |
| D | 植物性鮮奶油 | 860g |
| E | 薄荷蜜 | 20g |

**蛋糕體**

| | |
|---|---|
| 原味海綿蛋糕（P.100） | 一盤 |
| 巧克力海綿蛋糕（P.101） | 一盤 |

**吉利丁凍**

| | |
|---|---|
| 吉利丁粉 | 50g |
| 冰水 | 250g |

**作法**

1. 準備：木板鋪上一張烤焙紙，再放上慕斯框備用。慕斯框長 60、寬 40、高 6 公分。

2. 吉利丁凍：鋼盆加入吉利丁粉、冰水拌勻。

3. 送入冰箱冷藏 3 分鐘，混勻的吉利丁水會慢慢凝固。

4. 再用打蛋器翻整均勻。

   ★為了避免內裏有些地方水分很多， 凝固後我們再拌一次，拌過之後吉利丁凍會更加均勻，下次用的時候也會比較鬆散、不會結成硬塊，之後使用更加方便。

5. 保鮮膜妥善封起，要使用時，以乾淨的器具取出秤量即可。

   ★「吉利丁凍」製作比例為吉利丁粉 1：冰水 5，我的習慣是預先做好一個鋼盆的量，需要時就可以直接秤取使用。

6. 慕斯體：乾淨鋼盆加入材料 B，中大火一起煮滾，降溫至 60°C。

7. 加入吉利丁凍拌勻，需確認吉利丁確實融化。

8. 加入薄荷蜜拌勻，加入新鮮奇異果泥拌勻。

9. 乾淨鋼盆加入植物性鮮奶油，用爪型攪拌器打至 8 分發。

10. 打發植物性鮮奶油分兩次加入作法 8 中拌勻。

11. 組合：慕斯框底部鋪上巧克力海綿蛋糕，灌入一半完成的慕斯體，用刮板來回抹平。

12. 再鋪上原味綿蛋糕，灌入剩餘的慕斯體，用刮板來回抹平，送入冰箱冷凍 4 小時，冷凍至成形。

13. 脫模：慕斯框四邊用噴槍加熱，讓材料與模具分離，輕輕脫模，每個分切長 5、寬 3 公分。

No.38

# 椰果慕斯

**慕斯體**

| | | |
|---|---|---|
| A | 鮮奶 | 150g |
| B | 細砂糖 | 200g |
| | 吉利丁凍 | 163g |
| C | 椰漿 | 1 罐 |
| D | 椰果 | 200g |
| E | 椰子酒 | 20g |
| F | 植物性鮮奶油 | 750g |

**蛋糕體**

| | |
|---|---|
| 原味海綿蛋糕（P.100） | 一盤 |
| 巧克力海綿蛋糕（P.101） | 一盤 |

**吉利丁凍**

| | |
|---|---|
| 吉利丁粉 | 50g |
| 冰水 | 250g |

**作法**

1. 準備：木板鋪上一張烤焙紙，再放上慕斯框備用。慕斯框長 60、寬 40、高 6 公分。
2. 吉利丁凍：鋼盆加入吉利丁粉、冰水拌勻。
3. 送入冰箱冷藏 3 分鐘，混勻的吉利丁水會慢慢凝固。
4. 再用打蛋器翻整均勻。

   ★為了避免內裏有些地方水分很多， 凝固後我們再拌一次，拌過之後吉利丁凍會更加均勻，下次用的時候也會比較鬆散、不會結成硬塊，之後使用更加方便。

5. 保鮮膜妥善封起，要使用時，以乾淨的器具取出秤量即可。

   ★「吉利丁凍」製作比例為吉利丁粉 1：冰水 5，我的習慣是預先做好一個鋼盆的量，需要時就可以直接秤取使用。

6. 慕斯體：乾淨鋼盆加入鮮奶，中大火煮滾，降溫至 60°C。
7. 加入吉利丁凍拌勻，需確認吉利丁確實融化，加入細砂糖拌勻。

8. 加入椰漿、椰果拌勻，加入椰子酒拌勻。

9. 乾淨鋼盆加入植物性鮮奶油，用爪型攪拌器打至 8 分發。

10. 打發植物性鮮奶油分兩次加入作法 8 中拌勻。

11. 組合：慕斯框底部鋪上巧克力海綿蛋糕，灌入一半完成的慕斯體，用刮板來回抹平。

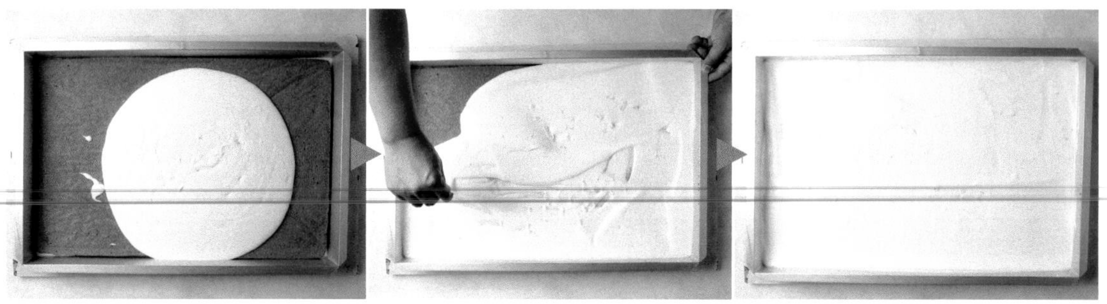

12. 再鋪上原味海綿蛋糕，灌入剩餘的慕斯體，用刮板來回抹平，用保鮮膜封起（注意不可貼住食材），送入冰箱冷凍 4 小時，冷凍至成形。

13. 脫模：慕斯框四邊用噴槍加熱，讓材料與模具分離，輕輕脫模，每個分切長 5、寬 3 公分，裝飾完成。

No.39

# 香草舒芙蕾

**慕斯體**

| | | | | | |
|---|---|---|---|---|---|
| A | 低筋麵粉 | 43g | D | 鮮奶 | 217g |
| | 香草精 | 1g | E | 蛋白 | 210g |
| B | 蛋黃 | 90g | | 細砂糖 | 77g |
| C | 無鹽奶油 | 43g | | | |

**作法**

1. 容器邊緣抹無鹽奶油（配方外），均勻沾上細砂糖（配方外）。低筋麵粉過篩，鋼盆加入材料A、蛋黃略拌均勻。
2. 無鹽奶油煮融，倒入作法 1 拌勻。
3. 鮮奶煮熱，分次加入作法 2 拌勻。

4. 乾淨鋼盆加入材料 E，中速打至 7 分發（溼性發泡）。
5. 作法 3 與作法 4 混合拌勻，倒入預備好的作法 1 容器中。
6. 分裝完後放入烤盤，烤盤內裝水，送入預熱好的烤箱，上下火 200°C，10 分鐘，轉上下火 180°C，再 10 分鐘。

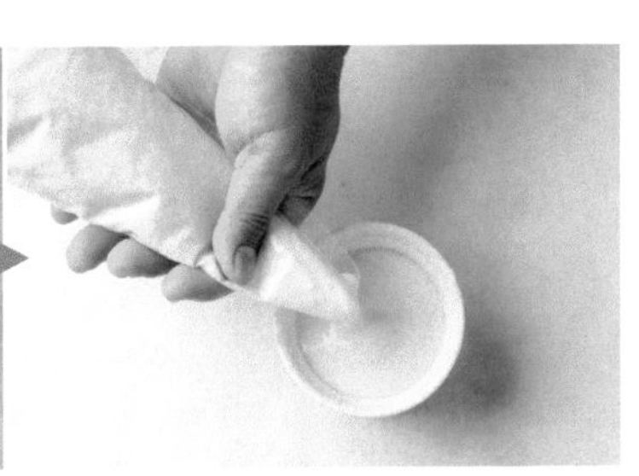

No.40

# 杏仁小點

## 慕斯體

| | | | | | |
|---|---|---|---|---|---|
| A | 低筋麵粉 | 40g | C | 全蛋 | 1 顆 |
| | 細砂糖 | 90g | | 蛋白 | 38g |
| B | 無鹽奶油 | 30g | D | 杏仁片 | 180g |

## 作法

1. 低筋麵粉過篩，與細砂糖約略拌勻。
2. 鋼盆加入融化無鹽奶油，加入作法 1 拌勻。

3. 倒入材料 C 拌勻，再加入杏仁片。

4. 手沾蛋白，在不沾烤盤上取適量作法 3 整形，再用叉子沾蛋白調整造型、厚薄。
5. 送入預熱好的旋風烤箱，設定 130°C，烤 38 分鐘。

No.41

# 椰子薄片

## 材料

| | | |
|---|---|---|
| A | 無鹽奶油 | 10g |
| | 細砂糖 | 80g |
| B | 全蛋 | 120g |
| C | 椰子粉 | 98g |

## 作法

1. 低筋麵粉過篩；無鹽奶油融化備用。
2. 乾淨鋼盆加入無鹽奶油、細砂糖拌勻。

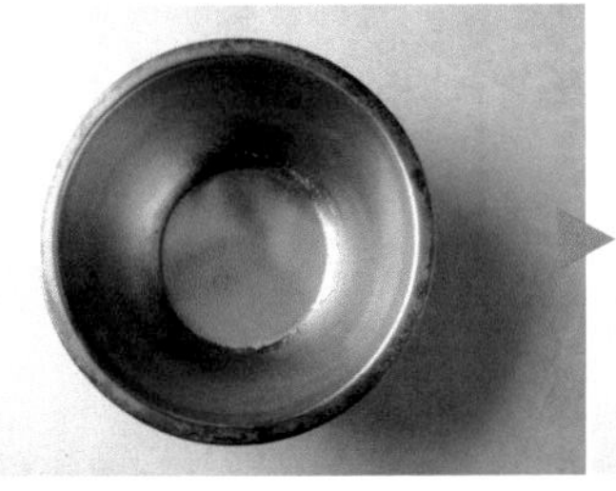

3. 加入全蛋拌勻，加入椰子粉拌勻。

4. 手沾蛋白，在不沾烤盤上取適量作法 3 整形，再用叉子沾蛋白調整造型、厚薄。

5. 送入預熱好的旋風烤箱，設定 130˚C，烤 38 分鐘。

■ No.42

# 海苔餅乾

**材料**

| | | |
|---|---|---|
| A | 無鹽奶油 | 150g |
| | 細砂糖 | 100g |
| B | 全蛋 | 48g |
| C | 低筋麵粉 | 120g |
| | 小蘇打粉 | 1t |
| | 泡打粉 | 1t |
| D | 海苔粉 | 30g |
| | 香菜酥 | 100g |

**作法**

1. 乾淨鋼盆加入材料 A 拌勻，慢慢加入全蛋拌勻。
2. 材料 C 粉類一同過篩，加入作法 1 拌勻。

3. 加入材料 D 拌勻，放入剪開的袋子，擀平約 1 公分厚度，蓋起，冷凍備用。
4. 取出凍硬的麵團，撕開袋子，手沾適量高筋麵粉（手粉），取適量排入烤盤，輕輕壓扁。

   ★烤後餅乾會略微擴散，須排開一點，避免黏在一起。

5. 送入預熱好的旋風烤箱，設定 130°C，烤 38 分鐘。

No.43

# 英格蘭

## 材料

| | | |
|---|---|---|
| A | 蛋白 | 8 個 |
| | 細砂糖 | 250g |
| B | 蛋黃 | 8 個 |
| C | 低筋麵粉 | 250g |

## 作法

1. 乾淨鋼盆加入材料 A，高速打至 7 分發，呈溼性發泡狀態。

2. 加入蛋黃拌勻，加入過篩低筋麵粉拌勻，裝入擠花袋中（使用直徑 1 公分圓形花嘴），擠蚊香狀。

★麵糊會自己擴散，擠的位置須開一點，避免黏在一起。

3. 送入預熱好的旋風烤箱，設定 130°C，烤 38 分鐘。

No.44

# 美式南瓜西餅

## 材料

| | | |
|---|---|---|
| A | 無鹽奶油 | 400g |
| | 二砂糖 | 400g |
| B | 全蛋 | 240g |
| C | 低筋麵粉 | 500g |
| | 泡打粉 | 5g |
| | 小蘇打粉 | 5g |
| D | 奇福餅乾碎 | 200g |
| | 南瓜籽 | 150g |
| | 燕麥片 | 200g |

## 作法

1. 乾淨鋼盆加入材料 A 拌勻，分次加入全蛋拌勻。

★須等材料均勻後，才可再加入下一次全蛋拌勻，避免一次全下油水分離。

2. 加入一同過篩的材料 C 粉類拌勻，加入材料 D 拌勻。

3. 手沾適量高筋麵粉（手粉），取適量搓圓排入烤盤，中心用大拇指壓一下。
4. 送入預熱好的旋風烤箱，設定 130˚C，烤 38 分鐘。

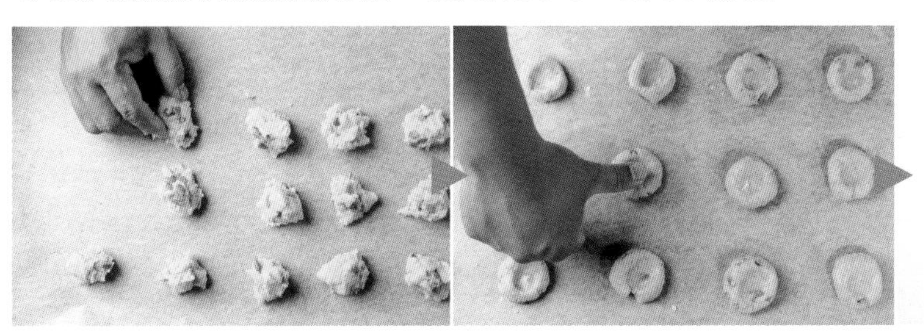

Cooking16

# “日日好食”

國家圖書館出版品預行編目 (CIP) 資料

日日好食：前菜、沙拉、湯品、主菜、甜點，精選套餐中 5 大類人氣料理！舒適吃一餐 / 潘明正著 . -- 一版 . -- 新北市：優品文化事業有限公司，2023.01 128 面；19x26 公分 . -- (Cooking ; 16)

ISBN 978-986-5481-37-7( 平裝 )

1.CST: 食譜

427.12　　111017014

作　　者　潘明正

總 編 輯　薛永年

美術總監　馬慧琪

文字編輯　蔡欣容

攝　　影　洪肇廷

出 版 者　優品文化事業有限公司
電話：(02)8521-2523
傳真：(02)8521-6206
Email：8521service@gmail.com
（如有任何疑問請聯絡此信箱洽詢）
網站：www.8521book.com.tw

印　　刷　鴻嘉彩藝印刷股份有限公司

業務副總　林啟瑞 0988-558-575

總 經 銷　大和書報圖書股份有限公司
新北市新莊區五工五路 2 號
電話：(02)8990-2588
傳真：(02)2299-7900

網路書店　www.books.com.tw 博客來網路書店

出版日期　2023 年 1 月

版　　次　一版一刷

定　　價　300 元

特別感謝（左起）：蔡國華師傅、黃雅璉

上優好書網

LINE
官方帳號

Facebook
粉絲專頁

YouTube
頻道

（黏貼處）

# "日日好食" 讀者回函

♥ 為了以更好的面貌再次與您相遇，期盼您說出真實的想法，給我們寶貴意見 ♥

| 姓名： | 性別：□ 男 □ 女 | 年齡： 歲 |
|---|---|---|
| 聯絡電話：（日） （夜） | | |
| Email： | | |
| 通訊地址：□□□-□□ | | |
| 學歷：□ 國中以下 □ 高中 □ 專科 □ 大學 □ 研究所 □ 研究所以上 | | |
| 職稱：□ 學生 □ 家庭主婦 □ 職員 □ 中高階主管 □ 經營者 □ 其他： | | |

● 購買本書的原因是？

□ 興趣使然 □ 工作需求 □ 排版設計很棒 □ 主題吸引 □ 喜歡作者 □ 喜歡出版社

□ 活動折扣 □ 親友推薦 □ 送禮 □ 其他：____________

● 就食譜叢書來說，您喜歡什麼樣的主題呢？

□ 中餐烹調 □ 西餐烹調 □ 日韓料理 □ 異國料理 □ 中式點心 □ 西式點心 □ 麵包

□ 健康飲食 □ 甜點裝飾技巧 □ 冰品 □ 咖啡 □ 茶 □ 創業資訊 □ 其他：______

● 就食譜叢書來說，您比較在意什麼？

□ 健康趨勢 □ 好不好吃 □ 作法簡單 □ 取材方便 □ 原理解析 □ 其他：______

● 會吸引你購買食譜書的原因有？

□ 作者 □ 出版社 □ 實用性高 □ 口碑推薦 □ 排版設計精美 □ 其他：______

● 跟我們說說話吧～想說什麼都可以哦！

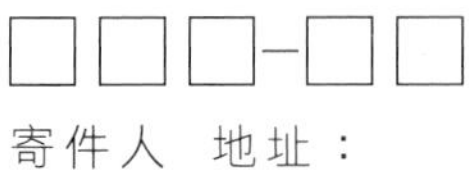

寄件人 地址：

姓名：

| 廣 告 回 信 |
|---|
| 免 貼 郵 票 |
| 三 重 郵 局 登 記 證 |
| 三重廣字第 0751 號 |

平 信

**24253 新北市新莊區化成路 293 巷 32 號**

# 上優文化事業有限公司　收
# (優品)

“日日好食” 讀者回函

(請沿此虛線對折寄回)

優品文化事業有限公司
電話：(02)8521-2523
傳真：(02)8521-6206
信箱：8521service @ gmail.com